Bibliografische Information der Deutschen Nationalbibliothek:

Die Deutsche Bibliothek verzeichnet diese Publikation in der Deutschen Nationalbibliografie; detaillierte bibliografische Daten sind im Internet über http://dnb.d-nb.de/ abrufbar.

Impressum:

Druck und Bindung: Books on Demand GmbH, Norderstedt Germany
ISBN: 9783640690190

Dieses Buch bei GRIN:

http://www.grin.com/de/e-book/154948/ausgewaehlte-rohstoffbetrachtungen-und-nutzungsmoeglichkeiten-der-weltmeere

Thomas Thieke

Ausgewählte Rohstoffbetrachtungen und Nutzungsmöglichkeiten der Weltmeere

GRIN Verlag

ERNST MORITZ ARNDT
UNIVERSITÄT GREIFSWALD

Wissen
lockt.
Seit 1456

AUSGEWÄHLTE ROHSTOFFBETRACHTUNGEN UND NUTZUNGSMÖGLICHKEITEN DER WELTMEERE

THOMAS C. THIEKE

Hauptseminararbeit

Institut für Geographie und Geologie

MATHEMATISCH-NATURWISSENSCHAFTLICHE FAKULTÄT

Universität Greifswald

Juni 2010

Thomas C. Thieke: *Ausgewählte Rohstoffbetrachtungen und Nutzungsmöglichkeiten der Weltmeere,* Hauptseminararbeit, © Juni 2010

ORT:
Greifswald

DATUM:
Juni 2010

Begrüßung des Meeres

Unermeßlich und unendlich,

Glänzend, ruhig, ahnungschwer,

Liegst du vor mir ausgebreitet,

Altes, heil'ges, ew'ges Meer!

[...]

ANTON ALEXANDER GRAF VON AUERSPERG

(ANASTASIUS GRÜN, UM 1837)

Herrn Prof. em. Dr. J. Mrazek danke ich herzlich für die hilfreichen fachlichen Hinweise und für die zur Verfügung gestellten Anschauungsobjekte seiner marinen Manganknollen-Forschung.

ZUSAMMENFASSUNG

Im Rahmen der vorliegenden Arbeit wurde aus der Vielfalt der marinen Ressourcen diejenigen ausgewählt, die für die gegenwärtige und zukünftige Rohstoffversorgung globale Bedeutung haben, deren unkontrollierte Gewinnung jedoch immense ökologische Risiken mit sich bringen. In diesem Zusammenhang wird auch das Sinken der Offshore-Plattform *Deepwater Horizon* (BP) im Golf von Mexiko besprochen. Besondere Erwähnung soll das Thema der Manganknollen finden, da dieses besonders ausführlich abgehandelt wird und übersichtlich einen guten Überblick über den derzeitigen Forschungsstand vermittelt.

SCHLÜSSELWÖRTER:

BP; Deepwater Horizon; Marine Rohstoffe; Manganknollen; Erztrüffel; polymetallische Erzknollen; IOM; Clarion; Clipperton; Bruchzone; CCZ; FS Valdivia; tailings; ISA; FS Alexander von Humboldt; Tiefwasser-Onkoide; Kohlenwasserstoffe; Erdöl; Uni-Drill Verfahren; light crude oil; benchmarks; Brent Blend; Gashydrat; Massivsulfide; hydrothermale Anreicherungen; CO_2-Sequestierung; GHSZ; SMS; Solwara

INHALTSVERZEICHNIS

ABBILDUNGSVERZEICHNIS

TABELLENVERZEICHNIS

Teil I

FACHLICHE INHALTE

1 EINLEITUNG

Blauer Planet – diesen Namen trägt die Erde nicht grundlos. Das Meer nimmt 71% der Erdoberfläche ein (362 Mio km²) und ist als Geokomplex einer der wichtigsten System-Regulatoren. Die hier ablaufenden Strahlungs- und Energieumwandlungsvorgänge sind von enormer Bedeutung, da sie den Energiehaushalt in der Atmosphäre entscheidend mitbestimmen. Ferner ist das Meer auch Hauptinitiator des Wasserkreislaufs auf dem Festland, ohne den jedes Leben undenkbar wäre. Aber auch die Energietransporte im Meer selbst haben eine wichtige regulative Funktion, da warme Meeresströmungen Gebiete in höheren Breiten thermisch begünstigen können [Rosenkranz, 1980].

Neben diesen und vielen weiteren geographisch-naturräumlichen Aspekten wie beispielsweise die chemischen Eigenschaften des Meerwassers, die Entstehung des submarinen Reliefs, die Bewegungsvorgänge im Meer oder die regionale Verteilung von Temperatur, Salzgehalt und Dichte, ist vor allem die wirtschaftliche Nutzung des Meeres hervorzuheben. Fakten zum Meeresschutz oder die Funktion des Meeres als Ressource für Nahrungsmittel und Energie sowie als Verkehrsraum sollen in der vorliegenden Arbeit jedoch nicht diskutiert werden. Um den Rahmen dieser Seminararbeit nicht zu sprengen, wurden aus der Vielfalt der marinen Ressourcen diejenigen ausgewählt, die für die gegenwärtige und zukünftige Rohstoffversorgung globale Bedeutung haben, deren unkontrollierte Gewinnung jedoch immense ökologische Risiken mit sich bringen. Im Folgenden wird von den wichtigsten energetischen und metallischen Rohstoffen die Rede sein, die mit dem marinen System verknüpft sind. An ihnen sollen auch Möglichkeiten und Grenzen der didaktischen Reduktion für diesen Themenkreis aufgezeigt werden.

Elementare Rohstoffe wie Fisch und Salz wurden bereits seit Jahrtausenden vergleichsweise risikofrei aus dem Meer gewonnen. Anders sieht es bei der Gewinnung von Metallen, Schwermineralsanden order Kohlenwasserstoffen aus. Diese konnten erst mit Entwicklung der entsprechenden Technik großmaßstäbig exploriert und ausgebeutet werden. Spezialschiffe beherbergen heute neben Instrumenten zur Exploration (z.B. Messung von Reflexionsseismik, Gravimetrie und Magnetik) vor allem Geräte zum aktiven Heben und Sammeln von Rohstoffen am Meeresboden und werden dabei durch sogenannte ROV's (Remoteley Operated Vehicle) und AUV's (Autonomous Underwater Vehicles), Mini-U-Boote, die in großen Tiefen ferngesteuert operieren können, unterstützt. Dass es einmal soweit kommen würde, hatte der Amerikaner David Bushnell bestimmt nicht gedacht, als er 1776 die "TURTLE", eine fassähnliche Konstruktion aus Eisen und Eichenholz konstruierte und so das erste U-Boot schuf [Gierschner, 1980].

Seit 2006 verdichteten sich Pressemitteilungen über den "Goldrausch in der Tiefsee" [Haas, 11.06.2006]. Der jüngste Explorations-Boom in diesem Sektor begann jedoch erst, als es in der Zeit zwischen 2007 und Mitte 2008 für den immer weiter steigenden Rohölpreis scheinbar kein Halten mehr gab. Der Preis für 1 Barrel Rohöl (158 l) lag bei einem Rekordhoch von 144 US-$. Der auf Tiefseebohrungen spezialisierte brasilianische Erdölkonzern Petrobras machte im Jahr 2008 immer wieder von sich reden, als er verkündete, bei Sondierungsbohrungen vor der Küste Rio de Janeiros in dem als "CARIOCA" bezeichneten Feldabschnitt ein Vorkommen von 33 Mrd. Barrel Erdöl in der Tiefsee lokalisiert zu haben, ein Volumen, größer als die gesamten Reserven der USA [Endres, 12.06.2008]. Der hohe Rohölpreis machte die an sich sehr kostspielige Erschließung und Förderung von Rohstoffen aus der Tiefsee trotz des hohen Aufwands und mit all ihren bekannten Risiken und Umweltschäden für potentielle Investoren interessant.

Was damals wenig diskutiert wurde, sind die Schwierigkeiten der Förderung, die bis heute bestehen. Schließlich gilt es, mit dem Bohrgestänge im Durchschnitt nicht nur eine von Strömung bewegte 2000 m große Wassersäule und extreme Druckverhältnisse zu überbrücken, sondern auch noch das anstehende Gestein (ca. weitere 3000 m) mit plastisch fließenden Salzschichten durch Richtbohrtechnik zu durchdringen. An Tiefbohrexperten und Material werden hier extrem hohe Anforderungen gestellt. Produktionsmethoden waren und sind in diesen Tiefen experimentell. Folgen einer Fehlkalkulation, Materialschwäche oder durch Einwirkung von Naturgewalten[1] verursachte Widrigkeiten sind verheerend, wie das jüngste Beispiel im Golf von Mexiko zeigt.

Die BP-Bohrinsel "DEEPWATER HORIZON" war am 20. April explodiert und zwei Tage später gesunken. Seitdem fließen aufgrund eines Auslösedefekts am Sicherheitsventil (Blowout Preventer) Millionen Liter Öl ins Meer und verschmutzen nicht nur die Golfküste der USA, sondern auch der Karibik. Der britische Erdölkonzern BP (seit 2001 als Akronym für *Beyond Petroleum*, vorher *British Petroleum*) hatte im Jahr 2009 einen Jahresumsatz von über 239 Mrd. US-$ erwirtschaftet [BP, 2009]. Analysten der Credit Suisse rechnen nach derzeitigen Angaben [Huber, 2010] mit mindestens 37 Mrd. US-$ für Reinigung und Schadensersatzansprüche. Es wird offensichtlich, dass die enormen Profite nicht nur die Förderkosten bezahlbar machen, sondern auch die Risiken. Vertretbarer werden solche profitorientierten Risikoproduktionen dadurch nicht, da großmaßstäbige Eingriffe in empfindliche Ökosysteme wie das Meer nur unzureichend saniert werden können. Eingesetzte Öl-Dispergatoren wie das Preparat COREXIT EC9500A und COREXIT EC9527A der Firma Nalco lösen oberflächlich aufschwimmende Ölteppiche in kleine Mikrotropfen auf, die so für ölabbauende Mikroorganismen verwertbar werden. Jedoch verschlimmern sie aufgrund ihrer Ökotoxizität nicht nur die negative Langzeitwirkung auf marine Lebewesen [Quinlan, 13. 05. 2010], sondern möglicherweise auch auf den Menschen, der sich von solchen ernährt.

1 BP verlor beinahe eine 1 Mrd. $ teure Offshore -Plattform im Golf von Mexico nach Hurrikan Dennis im Jahr 2005

Vor diesem Hintergrund sollte beachtet werden, dass die im Folgenden vorgestellten Rohstoffbetrachtungen und Nutzungsmöglichkeiten der Weltmeere niemals losgelöst und aus rein ökonomischer Sicht betrachtet werden können. Es ist zwar faszinierend, dass eine ausgereifte Technik die Erschließung tief verborgener Rohstoffe theoretisch wie auch praktisch ermöglicht, jedoch entziehen wir uns bei unsachgerechter und verantwortungsloser Nutzung die eigene Existenzgrundlage, da das Meer trotz seiner Größe ein emfindliches Ökosystem ist.

2 KOHLENWASSERSTOFFE

2.1 ZUM WIDERSPRUCH ZWISCHEN ÖKONOMIE UND ÖKOLOGIE

Von allen innermeerischen Rohstoffressourcen haben die Kohlenwasserstoffe die größte Bedeutung. Durch moderne Technik, gekoppelt mit hohen Rohölpreisen und fragwürdigen Konzessionen ohne ausreichende Kontrolle (MINERALS MANAGEMENT SERVICE [MMS]), die risikoreiche Tiefseehbohrungen genehmigen, wurde das Explorieren und gewinnbringende Fördern von Erdöl und Gas in immer größere Tiefen verlegt. Ausschlaggebend hierfür ist die enge Liaison zwischen dem Öl als Energiequelle und der vom Öl abhängigen Globalwirtschaft. Die gängige Meinung lautet: Ohne Öl kein Wirtschaftwachstum oder wie DIE ZEIT in ihrem Wirtschaftsteil titelt: *Welt ohne Stoff* [Vorholz, 17.06.2010]. Von bereits funktionsfähigen erneuerbaren Energiequellen ist in solchen Beiträgen merkwürdigerweise nie die Rede. Warum? Mit einer künstlich erzeugten Angst vor möglichem Energiemangel nach Erreichen des *peak oil*, dem Fördermaximum, und der in Folge damit verbundenen Stagnation der Weltwirtschaft, können Politiker und Analysten den Vorstoß in die Tiefsee rechtfertigen.

Als unmittelbare Reaktion auf die Ölkatastrophe im Golf von Mexiko, kommt es jetzt zur Verzögerung einiger neuer Tiefwasserprojekte. Laut Internationaler Energie Agentur (IEA), könnte dies bereits zu einem Preissprung führen, da die Förderung von Tiefseeöl bereits jetzt fester Bestandteil der Statistiken ist. Eine kontinuierlich steigende Nachfrage, kann nur durch eine kontinuierliche Förderung gedeckt werden, die jedoch durch staatliche Auflagen eingeschränkt wäre. Öl würde dann noch teurer werden als im Sommer 2008. Genau das aber ist profitabel für die Konzerne, deren Geschäftsmodelle auf dem Handel mit Tiefseeöl beruhen. Produktionseinschränkungen ohne dauerhaftes und vor allem internationales Verbot der Ölförderung in der Tiefsee, bestraft die Ölkonzerne nicht, sondern bringt ihnen, zwar etwas verzögert aber dafür zukünftig, unvorstellbare Profite ein. Unverhältnismäßig geringer dagegen ist die Wirkung steigender Verbraucherpreise auf die Entwicklung nachhaltiger Energiequellen (z.B. Geothermie, Solarthermie, Photovoltaik, Biogas, Wind, etc.). Zu befürchten ist sogar eine massive Beeinflussung von Politik und öffentlicher Meinung durch die Atomlobby zugunsten neuer Kernkraftwerke und Laufzeitverlängerungen alter Anlagen.

Bereits eine ethymologische Betrachtung des Wortes Petroleum lässt den neugierigen Betrachter erahnen, wo das Öl seinen Ursprung hat[1]. Etwas konkreter wird [Rosenkranz, 1980]. Er führt an, dass die für die Bildung von Kohlenwasserstoffen bedeutsamen Schelfbereiche die Fortsetzung der geologisch-tektonischen Festlandsblöcke und somit auch ihrer Lagerstätten sind. Schelfbereiche passiver Kontinentalränder waren zwischen Jura und Tertiär, also vor ca. 185-65 Mio. Jahren begünstigte Schauplätze von Vorgängen, die zur Entstehung dieser Lagerstätten geführt haben. Die entsprechende Entstehung wird in der vom Verfasser erstellten Abbildung 1 als Fließschema veranschaulicht.

Voraussetzungen für Entstehung

- hoher Druck + Temperatur (80°C bis 190°C)
- Sedimente mit organischem Material (z.B. Plankton)
- Meeresbuchten, Flussmündungen
- poröses Speichergestein mit vollständiger O_2 – Abdichtung im Hangenden
- Erdölfallen (primäre Migration)

Vorkommen

- Sedimentbecken in unterschiedlichen stratigraphischen und strukturellen Positionen (u. a. passive Kontinentalränder)

Wie findet man Erdöl ?

- Reflexionsseismik
- Gravimetrie (abweichende Schwereanomalien durch fremde Gesteinsdichte)
- Magnetik (z.B. Seaspy, erkennt magnetische Eigenschaften höffiger Schichten)
- Geologische Modelle
- Prospektionsbohrungen

1 Erdöl-Engl.:*crude oil/petroleum*, aus dem Lateinischen: petra = Gestein + oleum = Öl)

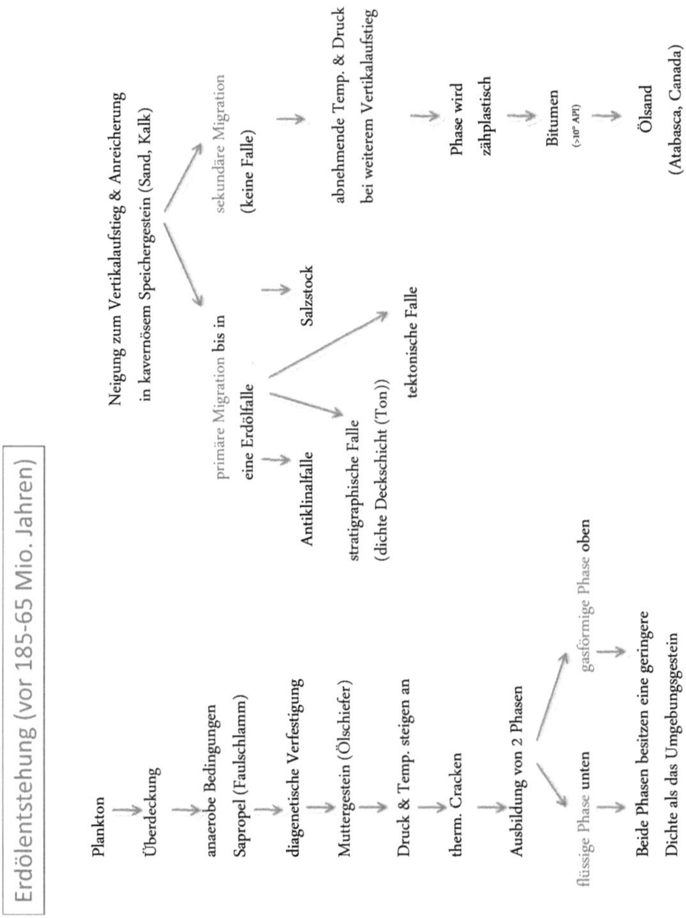

Abbildung 1: Vereinfachte Genese von Erdöl und Erdgas

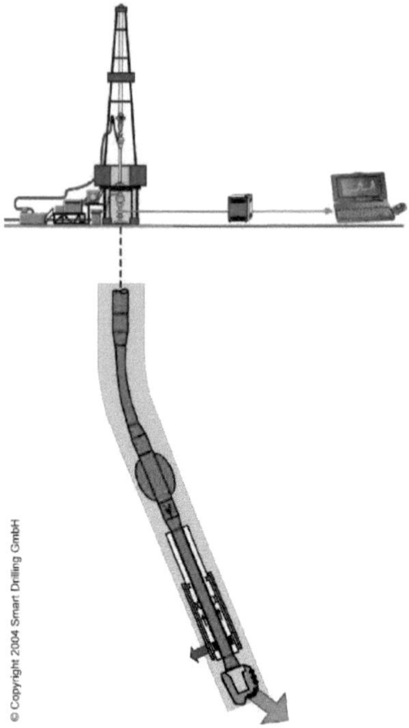

Abbildung 2: Scout 2000 Bohrsystem

Förderverfahren

Generell kann On- und Offshore gefördert werden. Da das Meer jedoch u. a. auch als Nahrungsmittelressource dient, ist letzteres jedoch nur als minimalinvasiver Eingriff unter Einhaltung strengster Sicherheitsvorschriften ökologisch vertretbar. Meist finden heutzutage komplexe Bohrverfahren Anwendung, so dass die Bohrung nicht mehr direkt über dem Reservoir niedergebracht werden muss. Steuerbare Bohrverfahren wie die Richtbohrtechnik, die oberflächennah auch im Spezialtiefbau verwendet werden, ermöglichen vereinfacht ausgedrückt, das Bohren um die Ecke. Die Praxis ist jedoch etwas komplizierter und unterscheidet nach Eschke & Vorhoff [2004] zwischen folgenden 3 Techniken:

1. Bohrmotor-Knickstück-Systeme (BKS, klassische Richtbohrtechnik)
    a) Steuerbarkeit wird durch eine, bezogen auf den Bohrstrang, abgewinkelte Anordnung der Bohrkrone durch ein Knickstück realisiert.
    b) Antrieb: Bohrmotoren (Umwandlung der Fließenergie des Spülungsstromes in eine Drehbewegung)

2. RSS-Bohrsysteme (Rotary Steerable System)
    a) Selbständig steuernde Richtbohrsysteme mit einer Zielbohreinheit (ZBE) (als Bsp. für Erdölindustrie das 6″ Modell SCOUT 2000, eine neue Generation von steuerbaren "closed-loop" Rotary Steerable Systems)
    b) Besteht aus innerer Welle, verbunden mit dem Meißel und dem Bohrgestänge und einem äußeren, nicht rotierenden Gehäuse mit vier radial beweglichen Steuerkufen. Diese werden gegen die Bohrlochwand gedrückt und leiten somit die Steuerbewegung ein.
    c) Datenübertragung (Neigung, Richtung, Verrollung, u. a.):
        i. Druckpulstechnik: geringe Informationsdichte und lange Übertragungsraten
        ii. EM-Datenübertragungsverfahren: hohe Informationsdichte in sehr kurzer Zeit (300 Baud)
    d) Antrieb: durch rotierenden Bohrstrang oder durch einen Bohrmotor
3. Uni-Drill Verfahren
    a) für gesteuerte, kurvengängige Bohrungen in allen Bodenarten durch Doppelgestänge
    b) Innengestänge mit der Bohrkrone leistet Bohrarbeit, Außengestänge übernimmt mechanische Steuerfunktionen und dient als vorläufige Schutzverrohrung zwecks Standsicherheit des Bohrloches
    c) Durch gezielte Verdrehung des Außengestänges kann die Richtung der Steuerfunktion verändert werden.

Förderung

- 1. Phase
    - Primärförderung (eruptive Förderung): Öl wird durch den natürlichen Druck des Gases gefördert (10-15%) und durch den Einsatz von Gestängetiefpumpen bis 2500 m Tiefe einsetzbar
- 2. Phase
    - Sekundärförderung: Erhöhung des Entölungsgrades durch Injektion von Wasser und Gas in das Reservoir (30-40%)
- 3. Phase
    - Tertiärförderung (EOR-*Enhanced Oil Recovery*): komplexe Substanzen wie Dampf (thermal recovery), Polymere, N_2 (Stickstofffluten), CO_2, Chemikalien zum Erniedrigen der Viskosität, werden injiziert (30-60 %)

Beschreibung	Marktindiz (*benchmark*)	Zusammensetzung	Eigenschaften	
Sehr hochqualitatives Öl (*light sweet crude*) und damit besonders für die Benzin- und Dieselherstellung geeignet.	**WTI** (West Texas Intermediate)	Aus Ölfeldern des mittleren Westens der USA (Arkansas, Kansas, Louisiana, New Mexico, Oklahoma, Texas)	API°	39.6
Aufgrund seiner guten Eigenschaften wird es an der Börse höher (*premium*) gehandelt als Brent oder der Opec Basket.		Teilweise auch aus der Region der Golfküste	Schwefel-gehalt %	0.24
Hauptbörsenindex für den europäischen und afrikanischen Börsenmarkt	**Brent Blend**	15 verschiedene Ölfelder des Ost-Shetland-Beckens in der Nordsee, des Brent und Ninian Systems	API°	38.3
Gehandelt wird es an London's International Petroleum Exchange (IPE) Börse, eine der größten Energie -Terminbörsen			Schwefel-gehalt %	0.37
Ein von der OPEC gebildeter Marktdurchschnitt zur Ermittlung von Vergleichswerten für den Öltyp *"light sweet crude"*	**OPEC Basket**	Saharan Blend (Algerien), Minas (Indonesien), Bonny Light (Nigeria), Arab Light (Saudi Arabien), Fateh (Dubai), Tia Juana Light (Venezuela), Isthmus (Mexiko)	API°	Ø<Brent
Er besteht aus 7 verschiedenen Ölen von OPEC-Mitgliedsländern, die geringfügig saurer und schwerer als Brent sind.			Schwefel-gehalt %	Ø>Brent
Index der Persischen Golf-Region für den Exporthandel mit Asien.	**Dubai Crude** (Fateh)		API°	30.4
Seine Spezifikationen ordnen es in die Gruppe der *light sour crudes* ein			Schwefel-gehalt %	2.13

Tabelle 1: Ausgewählte Rohölsorten und ihre Marktindizes nach [Energy Intelligence, 2007]

Genau wie Kohle lässt sich auch Erdöl entsprechend seiner Zusammensetzung klassifizieren. Relevant ist hierfür neben der Herkunft und den Anteilen an Schwefel die Dichte (*specific gravity*), welche als sog. API gravity (benannt nach dem AMERICAN PETROLEUM INSTITUTE) angezeigt wird. Entsprechend [Bacon, 2005] unterscheidet man:

- konventionelles Öl (*light crude oil*) größer als > 31.1 ° API (weniger als 870 $\frac{kg}{m^3}$), geringer Paraffinanteil
- Heizöl (*medium oil*) 22.3 ° - 31.1 ° API (870 - 920 $\frac{kg}{m^3}$)
- Schweröl (*heavy oil*) kleiner als < 22.3 ° API (920 to 1000 $\frac{kg}{m^3}$)
- Extra-Schweröl (*extra heavy oil*) unter < 10.0 ° API (größer als 1000 $\frac{kg}{m^3}$), hoher Praffinanteil

Öl, welches einen Dichteindex kleiner als 10.0 ° API hat, ist schwerer als Wasser und sinkt. Die in den kanadischen Ölsanden steckenden Bitumen haben einen API-Wert von 8 °, werden aber durch spezielle Förderverfahren erhitzt und ausgepresst. Ihr API-Wert wird dabei auf 31 ° - 38 ° erhöht. Da dieser Wert künstlich erzeugt wird spricht man hier von synthetischem Öl (*synthetic oil*). Die weltweit größte Öllagerstätte, das GHAWAR FELD in Saudi Arabien, welches von der staatlichen Gesellschaft SAUDI ARAMCO seit 1951 betrieben wird, produziert im Gegensatz zu den kanadischen Ölsanden keine Extra-Schweröle. Hier wird das stark nachgefragte "*light crude*" gefördert mit einem Dichtewert zwischen 33° API bis 40° API [Durham, 2005]. Der Schwefelanteil ist auch ein Qualitätsmerkmal und definiert sich wie folgt:

Ist der Schwefelanteil kleiner als 0,5 % spricht man von einem schwefelarmen Öl bzw. von "*sweet oil*" im anglophonen Raum. Hat dieses auch noch einen hohen API-Index, spricht man von "*light sweet crude*", dem begehrtesten Öl, da aus diesem der für uns an der Tankstelle nachgefragte Kraftstoff am einfachsten hergestellt wird. Ist der Schwefelanteil höher, nennt man es schwefelreiches Öl oder auch "*sour oil*". Letzteres kann noch weiter in "*medium*" und "*heavy sour*" unterteilt werden [Appelgate, 2008].

Bis hierhin wurden die Klassifizierungsmerkmale Dichte (API) und Schwefelanteil (*sweet/sour*) besprochen, nicht aber die für den Börsenhandel relevante Komponente, der Indexname der "Ölsorte". Dieser Name ist ähnlich kreativ wie auch irreführend, da sie vereinzelt wie die Namen erlesener Wein- oder Tabaksorten klingen und manchmal nur dem Kenner ihren wahren Ursprungsort verraten. Beispiele hierfür sind die aus Kolumbien stammende Leichtölsorte "CUSIANA LIGHT", "SU TU DEN/ [alias BLACK LION]" (Vietnam) oder "WEST TEXAS SOUR" (USA).

Die Hauptindizes oder auch *benchmarks*, vereinen Rohöle mit ähnlichen Eigenschaften in einem Index, so dass diese an den internationalen Börsen leichter miteinander vergleichbar und handelbar werden. Da das in Tabelle 1 genannte WEST TEXAS INTERMEDIATE (WTI) als qualitativ hochwertigstes Indexöl gilt, wird es im Schnitt mit 5 US-$ bis 6 US-$ pro Barrel *premium* im Vergleich zum OPEC BASKET oder 1 US-$ bis 2 US-$ pro Barrel *premium* (höher) im Vergleich zu BRENT gehandelt, obwohl diese Werte stark variieren können [E.I.A., 2006]. Stark vereinfacht ausgedrückt bedeutet dies, dass derjenige, der ein Faß BRENT gegen ein Faß WTI tauschen will, theoretisch 1 US-$ bis 2 US-$ "Strafe" zusätzlich zahlen muss, um den Qualitätsverlust zu kompensieren. Die in Tabelle 1 aufgelisteten Namen sind die prominentesten einer langen Liste von ungefähr 185 verschiedenen Ölsorten [ENERGY INTELLIGENCE, 2007].

2.3 GASHYDRAT

Entdeckt wurde die bis dahin unbekannte Substanz eher zufällig und das gleich zwei Mal. Zuerst im Jahr 1810 durch Sir Humphry Davy, der in einem Experiment Chlorgas unter Druck durch Wasser leitete und 100 Jahre später in Sibirien. Dort verstopften die Erdgaspipelines durch eine eisähnliche Substanz. Diesmal war es nicht Chlor, sondern methanhaltiges Erdgas, welches in den feuchten Rohren Methanhydrat gebildet hatte. Als natürliches Vorkommen wurden sie erst in den 70er Jahren durch sowjetische Wissenschaftler im Schwarzen Meer gefunden [Bremer, 2006].

Wassermoleküle bilden mittels Wasserstoffbrückenbindungen käfigähnliche Strukturen aus (Clathrate), in denen jeweils einzelne Gasmoleküle eingeschlossen sein können (Vgl. Abb.3).

Relevanz für Forschung

- Vermeidung von Verstopfung an Gaspipelines,
- Als Alternative zu fossile Brennstoffressourcen, da sie nach heutigen Abschätzungen den Umfang und Brennwert der klassischen Brennstoffe um ein Vielfaches übersteigen
- CO_2-Sequestierung (Abscheidung und -Speicherung/CCS für *Carbon Dioxide Capture and Storage*),
- Wegen der Bedeutung des Hydrats für die Stabilität von unterseeischen Hängen (STOREGGA-EFFEKT),
- Da Methan ein wirksames Treibhausgas in der Atmosphäre darstellt, beeinflußt seine Konzentration das Globalklima

Entstehung

1. In Situ-Modell
   a) Diese Theorie geht davon aus, dass das Methan an der Stelle gebildet wird, an der dann auch nachfolgend das Methanhydrat entsteht, sofern geeignete Druck- und/oder Temperaturverhältnisse herrschen. Das Methan wird dabei von Mikroben gebildet. Geht die Sauerstoffkonzentration im Wasser oder in Sedimenten gegen Null, so produzieren Bakterien

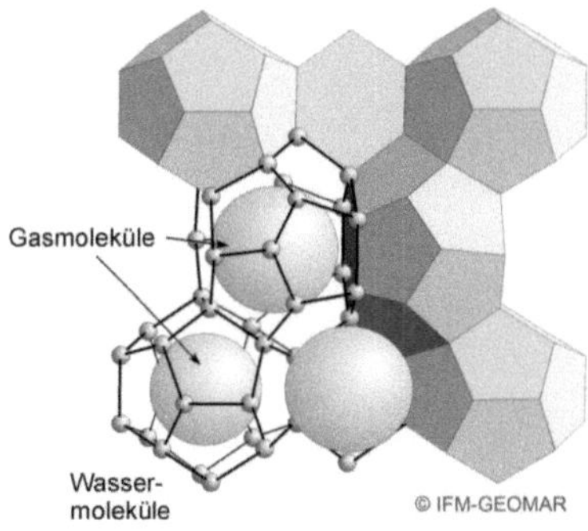

Abbildung 3: Clathratstruktur von Gashydraten

Methan bei der Verwertung organischen Materials [Bremer, 2006].

b) Da zur Bildung von Gashydrat allerdings größere Konzentrationen von Methan von Nöten sind, stellt sich die Frage, ob die in Sedimenten enthaltenen Mengen von organischem Material ausreichend sind, zur Produktion hinreichender Mengen von Methan zu dienen [Bremer, 2006].

2. Fluidmigrationsmodell

   a) Dieses Modell setzt einen Fluidaufstieg als Quelle für das zur Entstehung von Hydrat benötigte Methan voraus. Im Bereich von Subduktionszonen und Akkretionskeilen kommt es durch das in den Sedimenten eingeschlossene Wasser zur Bildung von Porenüberdrücken. Dabei kommt es zudem zur Bildung und Auspressung von Methan und anderen Gasen. Methan, welches aus größeren Tiefen stammt steigt auf und sammelt sich innerhalb der Gashydrat Stabilitätszone (GHSZ) an [Bremer, 2006]. Dieses Bildungsmodell wird zur Zeit von den Fachleuten favorisiert.

Gashydrat-Stabilitätszone (GHSZ)

- Stabilitätsfelder für Gashydrate sind im marinen Milieu unter einer großen Wassersäule oder auch in Permafrostböden möglich. Bei beiden sind neben hohen Drücken und niedrigen Temperaturen Methan und Porenräume nötig, damit das Gashydrat nicht zerfällt. Den Bereich, in dem das Hydrat stabil in der Natur vorliegt, nennt man die Gashydrat-Stabilitätszone (GHSZ).
- Der Bereich der marinen GHSZ wird vom hydrothermischen als auch vom geothermischen Gradienten bestimmt. Bei größeren Wassertiefen fällt die Temperatur zum Meeresgrund hin zunächst ab, bevor sie im Sediment mit zunehmender Tiefe wieder ansteigt.

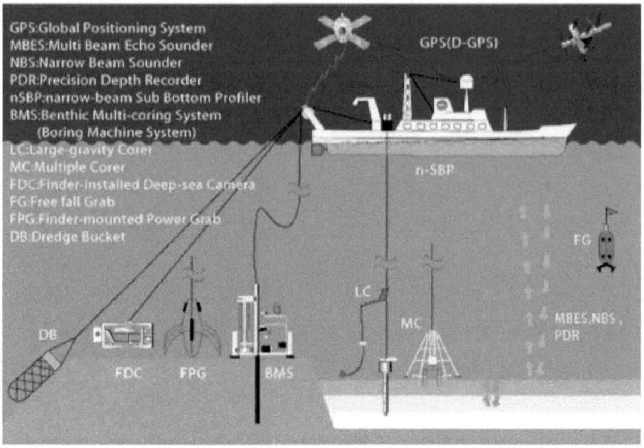

Abbildung 4: Instrumente für Navigation, Exploration und Probenahme des Forschungsschiffs Hakureimaru No. 2 © 2007 Japan Oil, Gas and Metals National Corporation

Je größer die Wassersäule, die den Meeresboden bedeckt, desto größer könnten die GHSZ-Zonen sein.

Wo findet man Gashydrate?

- Kontinental: Permafrostböden (200–2000 m) (Alaska, Sibirien)
- Marin: In Wassertiefen von 300 m bis 1000 m und bei niedrigen Wassertemperaturen oberhalb des Meeresbodens, im Bereich der Kontinentalränder (hohe Planktonproduktions- und Sedimentationsraten (Golf v. Mexiko, Nankai Trog, vor der Küste Oregons, Juan-de-Fuca Platte)

Vermeidung von Hydraten

Die Vermeidung der Gashydratbildung spielt beim Transport von Methangas eine wichtige Rolle. Aus ökonomischer Sicht ist sie der Hydratentfernung generell vorzuziehen. Um dies zu erreichen kann man an einigen Stellen des Bildungsprozesses eingreifen [Andruleit et al., 2008]:

- Trocknung des Gases vor dem Transport
- Kontrolle von Druck und Temperatur des transportierten Gases
- Thermodynamische Inhibitoren zur Änderung des chemischen Potentials zwischen Gas- und Wassermolekülen. Zum Einsatz kommen Salze, Glykole und Alkohole (THI = Thermodynamic Hydrate Inhibitors)

- Kinetische Inhibitoren senken die Reaktionsgeschwindigkeit (KHI = Kinetic Hydrate Inhibitors)
- Antiagglomerante

Förderung

- Verfahren basierend auf Druckabfall & Temperaturerhöhung
- Verwendung von Inhibitoren (erhöhen den Schmelzpunkt des Eises)
- Injektion von CO_2 (noch nicht praxiserprobt)

Gefahren

- Stabilitätsverlust–(Storegga-Effekt: submarine Hangrutschung ausgelöst durch im Kontinentalabhang destabilisierte Gashydrate)
- Blow out
- Schädigung der Tiefenbiosphäre am Meeresboden

Zukunftsweisende Projekte

- BGR-Vattenfall-GFZ-Projekt „ CO_2 Sink“ – CO_2-Verpressung in Sandsteinschichten (ist umstritten)
- Vernetzungsansätze zwischen CO_2-Verpressung und GH-Gewinnung im BMWi/BMBF Projekt „SUGAR“ unter Leitung des IFM-GEOMAR
- Gulf of Mexico Gas Hydrates Seafloor Observatory Project (09/2000-07/2010) [Woolsey et al., 2009]

3 METALLE

3.1 POLYMETALLISCHE ERZKNOLLEN

Entdeckungsgeschichte und Ist-Stand

Bei Fangversuchen von Tiefseeorganismen mit einem Grundnetz in den Jahren 1873-1876, endeckte die HMS CHALLENGER zufällig Manganknollen. C.W. von GÜMBEL beschäftigte sich nur zwei Jahre später als erster Geologe mit dieser mineralogischen Kuriosität, jedoch ohne nennenswerte Konsequenzen. Für die nächsten 80 Jahre wurden vor allem die „Challengerknollen" in den großen Museen der Welt bestaunt. Im Jahr 1965 wurden sie dann das erste Mal von J. MERO in der Publikation *Marine Resources* als Rohstoffquelle der Zukunft gewürdigt. Man hatte erkannt, dass die Konkretionen weniger wegen ihres 30%igen Anteils an Mangan, sondern vielmehr wegen ihrers 2-3%igen Gehalts an Buntmetallen wie Nickel, Kupfer und Kobalt von wirtschaftlichem Interesse sein könnten. Deutschland begann die Manganknollen ab 1968 als national-ökonomisch bedeutsam einzustufen, was die zunehmende Publikationsdichte in diesem Bereich belegt. Tests und zielführende Entwicklung neuer Explorations-, Prospektionssysteme und Technologieentwicklung wurden im Hinblick auf eine für den Routinebetrieb mögliche Manganknollenförderung im Nordpazifik und im Indischen Ozean seit 1969 vorran getrieben.

Obwohl es aufgrund der Polit-und Konzernkonkurrenz auf internationaler und innerdeutscher Ebene (Berliner Mauer ab 1961) um die Knollen in den 80er Jahren eher still geworden war, lag die DDR bereits 1972 mit der FS ALEXANDER VON HUMBOLDT zuerst im Atlantik (1972-1976) und später im Pazifik (1977-1982) auf Knollenkurs. Die Sowjetunion hatte damals die größte Forschungsschiffflotte (ca. 200 Schiffe) auf denen Spezialisten der DDR und anderer RGW-Länder[1] explorative Pionierarbeit leisteten [Beck, 11./12.11.2006].

Im Jahr 1975 zog die Bundesrepublik Deutschland nach. Das Rohstoff-Forschungsschiff VALDIVIA, das Vorgängerschiff der FS SONNE startete in Richtung Pazifik in internationaler Kooperation (INCO-Kanada/USA, DOMCO-Japan, SEDCO-USA) [FELLERER, 1980]. Diese Kooperation wurde im Jahr 1978 für einen Pilot-Förderungsversuch innerhalb des Konsortiums der OCEAN MANAGEMENT INCORPORATED (OMI) erweitert. Nach Angaben von [Arbizu, 2006] hatte die Erschließung neuer Lagerstätten auf dem Land und dem damit verbundenen Sinken der Metallpreise Schuld an der internationalen Knollendepression der 80er Jahre. Insider

1 RGW: Rat für gegenseitige Wirtschaftshilfe (Comecon): 1949 gegründet, Gründungsmitglieder: UdSSR, Bulgarien, Ungarn, Polen, Rumänien, CSSR; weitere Mitglieder: DDR (seit 1950), Albanien (seit 1961 nicht mehr), Mongolei (seit 1962), Kuba (seit 1972), Vietnam (seit 1972); Jugoslawien (seit 1964 auf der Grundlage eines Assoziierungsvertrages) [Brockhaus, 1992].

Abbildung 5: Mangan-Knollen Pazifischer Ozean Cocos-Platte/Fischer Seamount (vor Costa Rica) Wassertiefe: 2800 m. Der Verfasser dankt Herrn Prof. Dr. J. Mrazek für die Bereitstellung des Materials.

vermuten jedoch, dass es nicht die Unwirtschaftlichkeit war, welche dem großmaßstäbigen Manganknollenabbau einen Riegel in den 80ern vorschob, sondern die Spionagedienste der Großmächte, die durch das bei der Förderung zurückgeblasene Restsediment (*tailings*), ihre empfindlichen untermeerischen Abhörapparaturen (z. B. SOSUS[2]) gestört sahen.

Im Jahr 1987 wurde im polnischen Szczecin die heute noch bestehende Organisation IOM (InterOceanMetal Joint Organization) aus dem Zusammenschluss von einigen RGW-Staaten gegründet. Neben den heutigen Mitgliedern Bulgarien, Kuba, die Tschechische Republik (damals Tschechoslowakei), Slowakei (damals Tschechoslowakei), Polen, Russland (damals UdSSR), gehörten auch die DDR und Vietnam zu den Mitgliedsstaaten des IOM [Kotlinski, 1995]. Die IOM hatte es sich zum Ziel gesetzt, genau wie die FS Valdivia in dem besonders höffigen nordpazifischen Knollengürtel in der Clarion-Clipperton-Bruchzone [CCZ, (5° - 20° N; 110° - 160° W)] zu explorieren und zu forschen.

Eine Fläche von 540.000 km^2 wurde bei diesem Unternehmen exploriert. Letztlich ging es jedoch um die Sicherung von wirtschaftlichen Interessen und das „Abstecken eines Claimes". Dies tat die IOM auch und beantragte die Rechte für eine Fläche von 300.000 km^2 und den Status als *Pioneer Investor* bei der Preparatory Commission der Internationalen Meeresbehörde (ISA) und dem Internationalen Tribunal für Meeresgesetze (ITLOS). Vertragsbedingt stand InterOceanMetall je-

2 amerikanisches Geräuschüberwachungssystem in den 50ern installiert zur Überwachung von U-Boot-Bewegungen: *Sound Surveillance System* als Teil des *Integrated Undersea Surveillance System* (IUSS) [Gierschner, 1980].

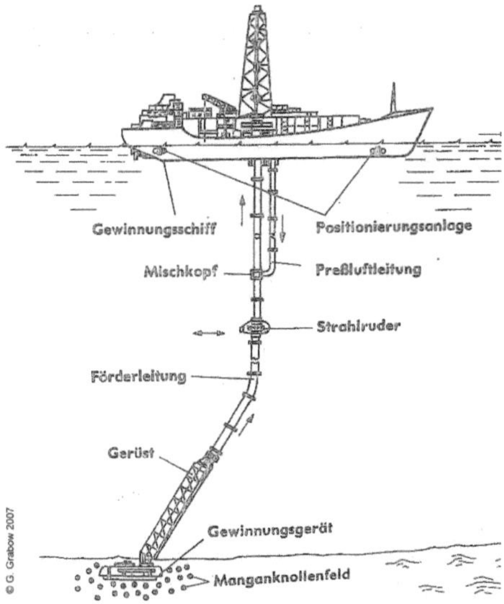

Abbildung 6: Airliftverfahren–durch Einleitung von Pressluft in einen Nebenrohrstrang verringert sich die Dichte des Wasser-Luft-Gemisches im Hauptrohr. Der viel größere Außenwasserdruck am Rohrende bewirkt nach dem Prinzip der kommunizierenden Röhren einen in Richtung Wasseroberfläche gerichteten Saugfluss [Grabow, 2007].

doch nur eine Fläche von 150.000 km^2 zu, da die ISA die andere Hälfte als sog. *common heritage of mankind* beanspruchte [Kotlinski, 1995]. Am 30. July 1992 bekam die IOM die Verwertungsrechte für die besagte Fläche (150.000 km^2) zusammen mit den Rechten und Pflichten als *Pioneer Investor*. Die in dem *Certificate of Compliance* regulierten Pflichten, welche 1994 noch einmal offiziell gemacht wurden, reduzierten die anfänglich zugeschriebene Nutzfläche im Jahr 2001 auf aktuell 75.000 km^2 [Kotlinski, 2000].

Am 19. Juli 2006 konnte Deutschland schließlich im Wert von 250.000 US-$ eine eigene Forschungslizenz bei der ISA für sich erwerben, die ebenso eine Fläche von 75.000 km^2 (entspricht einer Fläche von Schleswig-Holstein und Niedersachsen zusammen) in unmittelbarer Nachbarschaft der IOM-Fläche in der Clarion-Clipperton-Bruchzone umfasst. Der Umstand, dass Deutschland 1991 nach der Wiedervereinigung aus den Verträgen von IOM zwangsläufig aussteigen musste, ist zwar aus dem Gesichtspunkt des Verlusts der Zugriffsrechte auf frühe wissenschaftliche Untersuchungsresultate bedauernd zu bewerten, jedoch aufgrund des unabhängigen Lizenzerwerbs von 2006 und jüngster Berichte über die Mn-Knollen Besatzdichte und Wertkonzentration im deutschen „Claim" zu verschmerzen. Nach kürzlicher Rückkehr des Forschungsschiffs SONNE berichtete der Expeditionsleiter Thomas Kuhn im Onlinejournal *Scinexx*, dass ca. eine Milliarde Tonnen Knollen prospektiert wurden, die hohe Nickel- und Kupfergehalte zwischen 2,3 und 3,0 Prozent enthalten [BGR, 2010].

Das Interesse an den Tiefseetrüffeln kann heute folglich auch für die Bundesrepublik Deutschland wieder als gesichert angesehen werden. Die ISA, die die Bodenschätze der Tiefsee im Auftrag der Vereinten Nationen verwaltet, hat bereits acht[3] Lizenzgebiete für Manganknollen-Abbau an Vertragspartner aus verschiedenen Ländern vergeben. Bisher findet zwar kein Abbau statt, jedoch können die abgesteckten „Claims" als perspektivische Sicherheitsmaßnahme für die deutsche Rohstoffforschung und -versorgung verstanden werden.

Subaquatische Bildungsbereiche

Generell unterscheidet man zwischen drei verscheidenen Bildungsbereichen für polymetallische Erzknollen:

1. Süßwasser- und flachmarine Bildungen
   a) geringe Anteile an Buntmetallen
   b) hohe Wachstumsgeschwindigkeit
2. Fossile Manganknollen
   a) stammen meist aus flachmarinem Milieu
   b) meist in jurassischen und kretazischen kalkhaltigen Gesteinen mit geringen Wertvorkommen
3. Tiefsee-Manganknollen
   a) hoher Anteil an Buntmetallen
   b) extrem langsame Wachstumsraten

Entstehung

Manganknollen[4] sind um einen Kondensationskeim konzentrisch aufgebaute Ausfällungen von Metallen aus alternierenden mangan- und eisenreichen Mineralphasen u.a. biogenen Ursprungs, die sich auf dem Meeresgrund bilden und in der Tiefsee aller Ozeane zwischen ca. 3000 m und 6000 m vorkommen (Abbildung 4). Merkmalstypisch sind ihre besonders langsamen Wachstumsraten, die nach Ansichten einiger

3 Hier besteht eine Unstimmigkeit zwischen den gemachten Angaben auf der offiziellen ISA-Webpage (8 genannte Interessensgruppen) und den Angaben von *IOM*. Auf letzterer Seite werden 12 Kontraktoren genannt, inklusive des Rüstungskonzerns LOCKHEED MARTIN, der in der CCZ den größten „Claim" abgesteckt hat. Hier dürfte das Interesse auf die in den Mn-Knollen im ppm-Bereich vorhandenen Molybdän-Spuren abzielen, da dieses Element wegen seiner Temperaturbeständigkeit für den Einsatz in Hochleistungswerkstoffen der Rüstungs- und Raumfahrtindustrie lagerstättenkundlich wertvoll ist. Stand: 17.06.2010

4 Diese werden in der Literatur auch folgendermaßen bezeichnet: Ferromanganknollen, Fe-Mn-Knollen, polymetallsiche Erzknollen, Erzknollen, Manganknollen oder Mn-Knollen

Spezialisten, wohl durch die langsamsten biochemischen Reaktionen, die wir auf unserem Planeten kennen, bedingt sind. Die Mn-Knollen wachsen auf 10^6 Jahre gerechnet nur wenige Millimeter oder aus der Sichtweise eines STED-Mikroskops[5], nur eine Moleküllage pro Tag.

Man vertritt die Ansicht, dass Tiefsee-Manganknollen überwiegend durch anorganische Ausfällungsvorgänge entstehen (so wie die Vorkommen in der CLARION-CLIPPERTON-BRUCHZONE), und zwar an der Grenze Meerwasser/Sedimentoberfläche durch zirkulierende Bodenwässer. Hier reagieren Lösungen mit sauerstoffreichen, erhöht halinem und damit dichtem antarktischen Bodenwasser (AABW-*Antarctic Bottom Water*) [Fellerer, 1980, S. 48]. In FELLERER, [1980] wird angemerkt, dass eine entscheidende Mitwirkung von Mikroorganismen noch nicht nachgewiesen werden konnte. Diese Feststellung ist nach neuesten Forschungsergebnissen widerlegt. Antarktisches Tiefenwasser ist kalt und besonders reich an phyto- und zooplanktischen Substanzen. Der bakterielle Abbau (Oxidation) dieser Substanzen funktioniert in diesen Meeresteilen besonders gut aufgrund des hohen Sauerstoffgehalts, dem Sauerstoff-Oxidationspotential. Bei der Oxidation des Planktons wird vor allem CO_2 freigesetzt. Da sich in diesen Karbonatlösungszonen gleichzeitig eine erhöhte Metallionen-Bereitstellung einstellt, sind die Rahmenbedingungen für die Bildung von Mn-Knollen gegeben [FRIELING & MRAZEK, 2005]. Diesen bis dahin weitestgehend unbekannten bathymetrischen Zusammenhang zwischen den Knollenvorkommen, den Tiefenwässern im südlichen Nordatlantik und der Karbonatlösungszone konnten FRIELING & MRAZEK mit ihrer richtungsweisenden Publikation[6] im Jahr 2005 direkt nachweisen. In ihrem Artikel *„Sind Manganknollen Tiefwasser-Onkoide?"* [FRIELING & MRAZEK, 2007] konnten sie außerdem zeigen, dass die Feinstruktur der in ca. 2800 m Tiefe 100 km vor Costa Rica gelegenen Mn-Knollen der von karbonatischen und nichtkarbonatischen Stromatolithen[7] und Onkoiden[8] so ähnlich ist, dass man von einer hohen Relevanz biogener Faktoren sowohl bei der Stoffbereitstellung als auch bei dem Ausfällungsmechanismus ausgehen muss. In Anerkennung dieser Publikation erhielten beide Geowissenschaftler der Universität Greifswald im Jahr 2008 den Alexander von Humboldt-Gedächtnispreis. Die polymetallischen Erzknollen können folglich auch als nicht-karbonatische onkoidartige Gebilde mit Rinden

5 STED = Stimulated Emission Depletion-Fluoreszenzmikroskop kann lateral bis in den Nanometer-Bereich (5,8 nm) auflösen, seit 2007 von LEICA kommerziell vertrieben.

6 FRIELING, D. & MRAZEK, J. *Zur morphologischen und ozeanographischen Verursachung sedimentärer und erzgenetischer Tiefseeprozesse im südlichen Nordatlantik.* In. Greifswalder Geowissenschaftliche Beiträge, 2005, 9-20

7 Stromatolithe: Am Ort der Bildung fixierte biosedimentäre Strukturen, die durch Einfangen und Bindung von Sedimentpartikeln oder durch Fällung gelöster Stoffe oder durch beides in Folge des Wachstums und Stoffwechsels von Mikroorganismen, meistens karbonatfällende Cyanobakterienmatten, in einem Gewässer entstanden sind [FRIELING & MRAZEK, 2007; Kalkowsky, 1908]

8 Onkoide: Produkte biogener Ausfällung im Zentimeterbereich, die konzentrisch um einen Kondensationskern aufgebaut sind und in Meeres- und Seegebieten durch Wasserströmung bei geringerem Sedimenteintrag bewegt werden, so dass eine allseitige Akkretion möglich wird [ALBERT, 2008]. Nach FLÜGEL [1978] in [FRIELING & MRAZEK, 2007]gehören sie als Untergruppe zu den Stromatolithen, da es sich bei den Schalen um „laminierte, biosedimentäre Strukturen handelt, die von mikroskopischen Algen und Bakterien aufgebaut werden."

von stromalithähnlichem Aufbau bezeichnet werden [Frieling & Mrazek, 2007].

Bestimmte Bakterien wie beispielsweise die der Gattung *Sphaerotilus discophora* besitzen die Fähigkeit in einer Fällungsreaktion zweiwertiges und somit lösliches Mangan in eine stabilere Form zu oxidieren und quasi als oolithische Metallanreicherung auszufällen.

$$2Mn^{2+} + O_2 + 2H_2O \rightarrow 2MnO_2 + 4H^+$$

Die Mangan-IV-Verbindungen (MnO_2 /Braunstein) hingegen werden mikrobiell durch die auf Mn^{4+} spezialisierte Bakterien nicht oxidiert, sondern reduziert. Durch die in der Karbonatlösungszone erhöhte Metallionen-Konzentration wird durch diese Bakterien die Ausfällung und konzentrische Anlagerung auf der Knolle auch von Ni, Co und Cu bewirkt. Die Mn-Knollen und deren unmittelbare Umgebung dient den Bakterien so als Energiequelle. Da außer an Manganknollen und landfernen Meeresbecken mit geringen Sedimentationsraten die Mn-Konzentrationen im freien Meerwasser für diese Bakterien zu gering sind, scheint sich deren Lebensraum auf die zuerst genannten Areale zu begrenzen. Nicht unerwähnt soll der Umstand bleiben, der dazu beiträgt, dass sich Kupfer und andere Buntmetalle in Konzentrationen um die 2-3% in den Manganknollen finden. Deren Anreicherung und die Akkretion der Manganknolle sind nämlich nur durch das Zusammenspiel von 3 verschiedenen Bakterienpopulationen möglich:

1. $Mn^{2+} - Oxidierer$
2. $Mn^{4+} - Reduzierer$ (dadurch Freisetzung der Buntmetalle)
3. $C_{org} - Konstanthalter$ (unterstützt die Oxidierer)

Damit es zur Akkretion der Manganknolle kommt, darf die Aktivität der reduzierenden Bakterien nicht größer sein als die der oxidierenden, da die Knolle sonst kleiner und nicht größer wird. Außerdem muss gewährleistet sein, dass die oxihydrativen Metallpräzipitate nicht durch die hohen Akkumulationsraten der Tiefseesedimente einsedimentiert werden. Das kann u. a. durch verschiedene Formen von sog. *„biogenem Lifting"* erreicht werden, eine Theorie, die bereits in den 70er Jahren geäußert wurde. Laut Westheide & Rieger [2006] bestehen in der Tiefsee, neben anderem Makrobenthos, ca. 90 % der bodennahen Biomasse aus Seegurken (Holothurien), welche sich staubsaugerähnlich auf Nahrungssuche machen. Dabei werden, so vermutet man, auch die Mn-Knollen bewegt und so der Sedimentation entzogen.

Die Bildung von Manganknollen ist keinem einheitlichen Schema unterlegen und muss von Fall zu Fall neu verhandelt werden.

Zusammenfassend ist Folgendes festzustellen: Manganknollen bilden sich sehr langsam wobei ihre genetischen Bildungskonditionen keinem einheitlichen Schema unterlegen sind (Südatlantik=hauptsächlich anorganische Ausfällungsvorgänge, Nordpazifik=hohe Relevanz biogener Faktoren). Ihr Vorkommen ist nicht nur von morphologischen Gegebenheiten abhängig (diese sind eher für einen kostengünstigen Abbau ausschlaggebend), sondern von einem empfindlichen Zusammenspiel aus chemischen, physikalischen und biologischen Umwandlungs- und Aufbauprozessen.

Vorkommen

- Auf Tiefseeböden der Ozeane in kontinentalfernen Bereichen mit geringer Sedimentation in großer Tiefe (4000-5000 m) und Kaltwasserzufuhr. Beispiele hierfür sind:
  - der nordpazifischen Knollengürtel, bekannt als CLARION-CLIPPERTON-BRUCHZONE (CCZ)
  - der östliche Pazifik vor Costa Rica
  - das Meergebiet südlich von Feuerland und Kap der Guten Hoffnung

Schwierigkeiten und Gefahren bei der Manganknollenförderung

- kompliziertes Seerecht und Vergabe von Konzessionen
- ökologische Impaktwirkung und nicht vorhersehbare Langzeitschäden für Plankton und sauerstoffproduzierendes Phytoplankton sowie für alle anderen Organismen in den Oberflächenwasserschichten durch das Einleiten von *Tailings* (feine Tonpartikel) und Zerstörung der benthischen In- und Epifauna der Meeresböden beim Bergungsprozess
- hohes Startkapital bei noch geringer Produktivität und dadurch hohes finanzielles Risiko
- Einsatz von bisher unbekannter und nur teilweise erprobter Technologie und sog. *heavy duty mining* Geräten
- hoher Energiebedarf
- hohes Verlustrisiko durch Umwelteinflüsse wie Zyklone oder Unwetter

Fördertechniken

Fördertechniken wurden erstmals durch ein vom OMI initierten Großprojekt in den 80er Jahren getestet (siehe Abbildung 5). Detaillierte Informationen sind immer noch schwer zugänglich, da gutes technisches Ingenieurwissen mit Gewinnmaximierung gleichzusetzen ist und daher von den konkurrierenden Firmen unter Verschluss gehalten wird. Bekannt ist allerdings, dass bei der Förderung der Erztrüffel ein über 200 Jahre altes Verfahren Anwendung findet. Carl Emmanuel Löscher beschrieb im Jahr 1797 ein *„aerostatisches Kunstgezeuge"*, welches später in der Funktion einer Wasserhebungsmaschine und Lufthebebohrverfahren als *„Mammutpumpe"* und noch später als *„Airliftverfahren"* auch für den Manganknollenabbau Verwendung fand [Grabow, 2007].

Entstehung

Zu marinen hydrothermalen Anreicherungen zählen auch die Massivsulfidlager (z.B. Rotes Meer) und Erzschlämme (Fe, Cu, Zn, Mn). Hier sollen jedoch nur die Massivsulfide beschrieben werden, die wegen der in ihnen enthaltenen Eisensulfide (z. B. Pyrit) wirtschaftliche Bedeutung haben. Massivsulfidvorkommen werden im anglophonen Raum auch kurz „SMS" für *Seafloor Massive Suphide* genannt. Sie bilden sich an tektonischen Bruchzonen mit hohen Meeresboden-Spreizungsraten (MOR) sog. *seafloor spreading centers* durch Elementmobilisation und Ausscheidungen, welche aus heißen (50-500 °C) wässrigen Lösungen bei maximalen Drücken von 2 kbar kristallisieren. Meerwasser gelangt

(a) Querschnitt eines „Smokers" (b) Abbau eines „Smokers" durch Greifarm

Abbildung 7: Massivsulfide (a,b) Quelle: Nautilus Minerals © 2010

dabei durch tektonische Störungen in die ozeanische Kruste und wird durch die darunter liegenden Konvektionszellen erhitzt [Morgan, 2010]. Als saure und lösungsagressive Hydrothermalfluide reichern sie sich mit Metallen und Schwefel an. Beim Austritt am Meeresboden verursachen die enormen Temperaturunterschiede zum kalten Meerwasser (ca. 2 °C) und der heißen Lösung (ca. 400 °C) das Ausfällen und so die Bildung von Erz-Stalagmiten am Meeresboden. Bei den aktiven „*Black Smokers*" ist dieser Vorgang als dunkle Exhalation erkennbar, was zu deren Namensgebung führte.

Nutzung

Aus kommerziellen Gesichtspunkten sind Massivsulfide die momentan attraktivsten Ziele mariner Metalllagerstättenerkundung. Das australisch-kanadische Unternehmen NAUTILUS MINERALS INC. hat mehrere vom DEPARTMENT OF ENVIRONMENT AND CONSERVATION (DEC) genehmigte Lizenzen für große Gebiete in der Bismarcksee bei Papua Neuguinea erworben, wo 18 potenzielle Lagerstätte exploriert wurden und will nach eigenen Firmenangaben im 3. Quartal 2010 mit dem kommerziellen Abbau beginnen [Morgan, 2010]. In der untermeerischen 1600 m tiefen

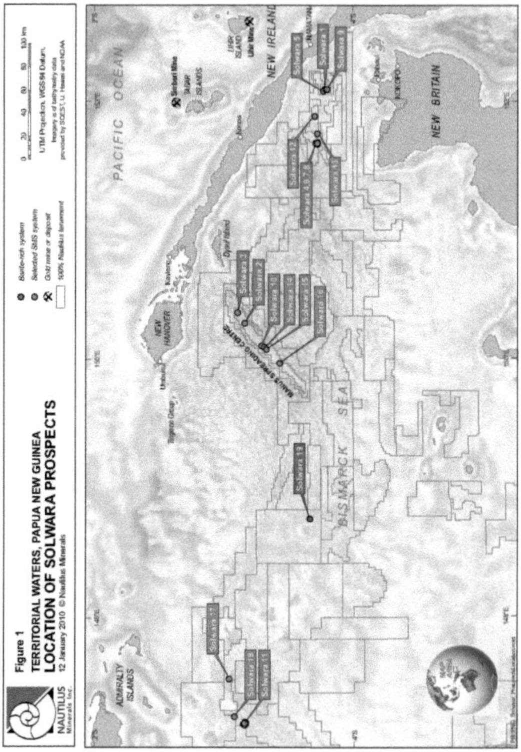

Abbildung 8: Prospektionsgebiete von Nautilus Minerals (Quelle: Nautilus Minerals Inc. 2010)

Metallsulfid-Lagerstätte Solwara 1 werden 870.000 t an Erzen mit folgenden Gehalten vermutet: 6.8% Cu, 4.8 g/t Au, 23 g/t Ag, und 0.4% Zn [Golder Associates, 2008]. Um die wertvollen Metalle zu bergen, sollen ferngesteuerte Greifer nicht mehr aktive Hydrothermalquellen „*Black Smoker*" am Meeresboden abbauen.

Pricing Differences Among Various Types of Crude Oil, 2006. URL http://tonto.eia.doe.gov/ask/crude_types1.html. (Zitiert auf Seite 14.)

The Crude Oils and their Key Characteristics, 2007. URL http://www.energyintel.com/DocumentDetail.asp?document_id=200017. (Zitiert auf den Seiten viii, 12 und 14.)

R. Albert. Onkoid, 2008. URL http://www.mineralienatlas.de/lexikon/index.php/Onkoid. (Zitiert auf Seite 23.)

H. Andruleit, C. Bönnemann, B. Cramer, and Müller C. Gashydrat: das "gefrorene Erdgas": Ein fossiler Energieträger am Beginn seiner Nutzung. *Commodity Top News BGR*, (28):1–8, 2008. URL http://www.bgr.bund.de/cln_144/SharedDocs/GT__Produkte/Commodity__Top__News/CTN__genTab__DE.html. (Zitiert auf Seite 16.)

K. Appelgate. Environmental Challenges Panel Refiner Overview API Tanker Conference. 2008. URL http://www.api.org/meetings/topics/marine/upload/Ken_Applegate.pdf. (Zitiert auf Seite 13.)

P. M. Arbizu. Manganknollen – Rohstoffe in der Tiefsee und deren assoziierte Fauna, 2006. URL http://www.senckenberg.de/root/index.php?page_id=3665. (Zitiert auf Seite 19.)

R. &. Tordo S. Bacon. Crude Oil Price Differentials and Differences in Oil Qualities: A Statistical Analysis: ESMAP Technical Series, 2005. (Zitiert auf Seite 13.)

M. Beck. Schatzkarte der Tiefsee: Wie Peter Mayer Manganknollen suchte und das Wissen nach der Wende verfiel. *Leipziger Volkszeitung*, 11./12.11.2006. (Zitiert auf Seite 19.)

BGR. Bald Tiefseeabbau von Manganknollen? Forschungsfahrt erkundete Rohstoffmenge und Ökologie im deutschen Manganknollen-Lizenzgebiet, 2010. URL http://www.g-o.de/wissen-aktuell-11784-2010-06-11.html. (Zitiert auf Seite 22.)

BP. Annual Review 2009, 2009. URL http://www.bp.com/extendedsectiongenericarticle.do?categoryId=9021605&contentId=7040949. (Zitiert auf Seite 4.)

J. Bremer. Gashydrate, 2006. URL http://www.mbgc.icbm.de/16831.html. (Zitiert auf den Seiten 14 and 15.)

Brockhaus, editor. 19 edition, 1992. (Zitiert auf Seite 19.)

L. S. Durham. Saudi Arabia's Ghawar Field: The Elephant of All Elephants. *Explorer (AAPG)*, (01), 2005. URL http://www.aapg.org/explorer/2005/01jan/index.cfm. (Zitiert auf Seite 13.)

A. Endres. Die brasilianische Hoffnung. *Berliner Zeitung*, (25):21–22, 12.06.2008. (Zitiert auf Seite 4.)

F. Eschke and W. Vorhoff. Moderne Richtbohrtechnik im Fels- und Spezialtiefbau: Einsatzbeispiele zum RSS-System. *WISSENSPORTAL baumaschine.de*, (3), 2004. URL www.smart-drilling.de. (Zitiert auf Seite 10.)

R. Fellerer. Erforschung mineralischer Rohstoffe. *Geologisches Jahrbuch*, (38):35–76, 1980. (Zitiert auf den Seiten 19 and 23.)

E. Flügel. *Mikrofazielle Untersuchungsmethoden von Kalken*. Springer Verlag, Berlin, Heidelberg, New York, 1978. (Zitiert auf Seite 23.)

D. Frieling and J. Mrazek. Zur morphologischen und ozeanographischen Verursachung sedimentärer und erzgenetischer Tiefseeprozesse im südlichen Nordatlantik. *Greifswalder Geowissenschaftliche Beiträge*, (13):9–20, 2005. (Zitiert auf Seite 23.)

D. Frieling and J. Mrazek. Sind Manganknollen Tiefwasser–Onkoide? *Senckenbergiana maritima*, 37(2):93–128, 2007. (Zitiert auf den Seiten 23 and 24.)

N. W. Gierschner. *Tauchboote*. Interpress/VEB Verlag für Verkehrswesen, Berlin, 1980. (Zitiert auf den Seiten 3 and 20.)

Golder Associates Pty Ltd. Mineral Resource Estimate, Solwara 1 Project, Bismarck Sea, Papua New Guinea, 2008. URL http://www.nautilusminerals.com/i/pdf/2008-02-01_Solwara1_43-. (Zitiert auf Seite 27.)

G. Grabow. Carl Emmanuel Löscher-der Erfinder der "Mammutpumpe" vor über 200 Jahren. *Glück auf (Zeitung des Erzgebirsvereins e.V.)*, (118): 17–18, 2007. (Zitiert auf den Seiten viii, 21 und 25.)

L. Haas. Goldrausch in der Tiefsee: Bergbaufirmen wollen Kupfer, Nickel, Silber und Gold vom Meeresboden heben. Ob sich das lohnt, ist noch unklar. *Berliner Zeitung*, (86):16, 11.06.2006. (Zitiert auf Seite 4.)

C. Huber. BP könnte die Ölpest laut Analysten 37 Mrd. kosten. *BoerseGo.de*, 2010. URL http://www.boerse-go.de/nachricht/BP-koennte-OElpest-laut-Analysten-37-Mrd-kosten,a2192157.html. (Zitiert auf Seite 4.)

E. Kalkowsky. Über Oolith und Stromatolith im norddeutschen Buntsandstein. *Zeitschrift der Deutschen Geologischen Gesellschaft*, (60):68–125, 1908. (Zitiert auf Seite 23.)

R. Kotlinski. InterOceanMetal Joint Organization: Achievements and Challenges: Proceedings of the ISOPE- Ocean Mining Symposium, 1995. URL http://www.isope.org/publications/proceedings/ISOPE_OMS/Proc-OMS-95-CD-abst/M95p004Kotlinsk.pdf.pdf. (Zitiert auf den Seiten 20 and 21.)

R. Kotlinski. Background information in support of request for observer status with the International Seabed Authority, 2000. URL http://www.isa.org.jm/files/documents/RU/7Sess/Ass/isba_7A_inf1.pdf. (Zitiert auf Seite 21.)

A. Miede. A Classic Thesis Style- An Homage to The Elements of Typographic Style, 2009. (Zitiert auf Seite 35.)

Ch. L. Morgan. Mineral Resources of the Area: Types, Distribution and the Role of Marine Scientific Research in their Discovery. *Seabed: The New Frontier*, 2010. (Zitiert auf Seite 26.)

P. Quinlan. Less Toxic Dispersants Lose Out in BP Oil Spill Cleanup. *The New York Times*, 13. 05. 2010. (Zitiert auf Seite 4.)

Robert Bringhurst. *The Elements of Typographic Style*. Version 2.5. Hartley & Marks, Publishers, 2002. (Zitiert auf Seite 35.)

E. Rosenkranz. *Das Meer und seine Nutzung*. VEB Hermann Haack, Geographisch–Kartographische Anstalt Gotha/Leipzig, 2. auflage edition, 1980. (Zitiert auf den Seiten 3 and 8.)

F. Vorholz. Welt ohne Stoff. *Die Zeit*, (25):25, 17.06.2010. (Zitiert auf Seite 7.)

W. Westheide and R. M. Rieger. *Spezielle Zoologie: Einzeller und Wirbellose Tiere*. Spektrum Akademischer Verlag, 2 edition, 2006. (Zitiert auf Seite 24.)

J. R. Woolsey, T. M. McGee, and C. B. Lutken. Oil & Natural Gas Technology: Final Report-Support of Gulf of Mexico Hydrate Research Consortium: Activities to Support Establishment of a Sea Floor, 2009. (Zitiert auf Seite 17.)

Teil II

APPENDIX

KOLOPHON

Die benutzerdefinierte Größe des Textblocks wurde auf Grundlage von R. Bringhursts' Buch *The Elements of Typographic Style* [Robert Bringhurst, 2002] (Seite 26–29 und 175/176) kalkuliert und mit dem Textsatzsystem Latex[9] erstellt. Diese Anordnung zielt auf eine optimale Zeilenlänge zwischen 24–26 pc (288–312 pt) ab, damit das Auge des Lesers am Zeilenende keine großen Sprünge machen muss. Vorausgesetzt der Inhalt ist stimmig und ansprechend gestaltet, sollte so eine frühzeitige Ermüdung des Auges durch einen optimalen Lesefluss verhindert werden. Das Benutzen eines "*double square textblock*" mit einem Verhältnis 1:2 ergibt bei einer Schriftgröße von 11 pt und gepaart mit der Schriftart *Palatino* einen 312:761 pt Textblock (in diesem sind auch die Überschriften enthalten). Der sich dadurch ergebene breite Rand eignet sich besonders gut für Korrekturen. Auf 60 Seiten gerechnet würden sich im Vergleich zu einem in *Times New Roman* verfassten Text in der Schriftgröße 12 mit einem 1,5 cm Zeilenabstand und 2,5 und 3,0 cm Außenrand, ca. 4 Seiten extra ergeben.

Die Anordnung des Inhaltsverzeichnisses soll einen einfacheren Zugang zu den entsprechenden Seitennummern gewährleisten. Man spart sich so mit dem Finger den Überbrückungspunkten folgen zu müssen, um die Seitenzahl des jeweiligen Kapitels zu ermitteln. Abschließend soll bemerkt werden, dass auch die farblichen Hervorhebungen nichts mit Verspieltheit, sondern vielmehr mit dem Schaffen von Übersichtlichkeit zu tun haben [nach MIEDE, 2009] und die Arbeit dadurch nicht weniger wissenschaftlich wird, nur eben besser lesbar.

Final Version as of 26. August 2010 at 14:27.

---

9 LaTeX ist ein durch Makros vereinfachtes Textsatzprogramm, welches ursprünglich als TeX durch DONALD E. KNUTH, einem Stanford Professor entwickelt wurde.